人人都应该知道的中国规矩

（插图版）

齐晓晶 任娟娟 编著

张天奇 绘

人民邮电出版社

北　京

图书在版编目（CIP）数据

人人都该知道的中国规矩：插图版 / 齐晓晶，任娟娟编著；张天奇绘. -- 北京：人民邮电出版社，2025. -- ISBN 978-7-115-65693-3

Ⅰ. B823.1-49

中国国家版本馆 CIP 数据核字第 20245F36P1 号

内 容 提 要

"不以规矩，不成方圆"。老祖宗留下了许多"不成文"的禁忌或规矩，这些规矩在一定程度上规范了人们的行为，既反映了传统文化，也是千百年来的礼仪积淀。本书以漫画的形式，生动活泼的风格，图文并茂地阐释了诸多中国老规矩，内容涉及起居、会客、交际、礼节、打扮等，解析不同生活场景中的处世之道，旨在抓住时间的针脚，让美好的品德、家风和教养为每个人熟知和铭记。

本书适合想要了解中国规矩、学习礼仪教养的读者阅读。

◆ 编　　著　齐晓晶　任娟娟
　　绘　　　　张天奇
　　责任编辑　董雪南
　　责任印制　周昇亮
◆ 人民邮电出版社出版发行　　北京市丰台区成寿寺路 11 号
　　邮编　100164　　电子邮件　315@ptpress.com.cn
　　网址　https://www.ptpress.com.cn
　　北京九天鸿程印刷有限责任公司印刷
◆ 开本：880×1230　1/64
　　印张：2　　　　　　　　　　　2025 年 1 月第 1 版
　　字数：87 千字　　　　　　　2025 年 10 月北京第 10 次印刷

定价：39.80 元

读者服务热线：(010) 81055296　印装质量热线：(010) 81055316
反盗版热线：(010) 81055315

前言

"不以规矩，不成方圆。"这句话源自《孟子·离娄上》，原本是指如果没有规和矩，就无法制作出方形和圆形的物品。后来"规"和"矩"就引申为我们行为举止的标准和规则。

设想一下，如果我们置身于一个毫无规矩的世界，那将会是怎样一幅混乱不堪的景象呢？就好像一个繁忙的十字路口缺少了红绿灯的指引，车辆和行人各行其是，岂不是乱作一团？

规矩，这把看似普通的钥匙，实则蕴含着巨大的力量。它能够帮助我们打开通往社会和谐稳定的大门。正是有了规矩的约束和引导，我们才能更好地与他人相处，携手共建一个美好的社会。

本书中介绍的这些规矩是古人智慧的结晶，更是岁月长河中沉淀下来的宝贵财富。它们犹如一座座明亮的灯塔，引导着我们在现代社会中保持秩序，不断进步。

因此，我们应该珍惜并遵守这些规矩，让它成为我们生活的一部分。只有这样，才能在纷繁复杂的世界中做个明白人。

齐晓晶

目录

第一章

饭桌上的规矩

"民以食为天"，五千多年的文明孕育了中国源远流长的饮食文化。作为一个礼仪之邦，中国不仅因丰富多样的菜肴而闻名于世，饭桌宴席上的礼仪和规矩也是中华传统文化的重要组成部分。仅仅一双简单的筷子就蕴含了许多中国餐桌礼仪。

入座安排长幼有序　入座后，右手持筷，左手扶饭碗

不能用筷子敲碗　筷子不要插在饭里　夹了的菜别再往回放

在有些场合要使用公筷　不可用筷子剔牙

切忌『脏筷』『粘筷』『泪筷』『叉筷』『长短筷』『舞筷』

吃饭时不说不吉利的话　吃鱼时不能说『翻』

吃饭时不要吧唧嘴，喝汤尽量不要发出声音

吃东西要注意为别人留一些　用餐过程中，随时保持餐具整洁

不能把喜欢的食物都摆到自己面前

给人盛饭时不能说『还要饭吗』

吃饭不能端着碗到处跑　吃多少盛多少，不可浪费食物

不在饭桌上对着人剔牙

入座安排长幼有序

有副对联相信大家不陌生："坐，请坐，请上座；茶，上茶，上好茶。"其中，"请上座"就是接待客人的座次规矩。中国一直讲究长幼有序，客人优先，座次就体现了这一传统。

一般而言，座次是"尚左尊东""面朝大门为尊"。

在餐宴上，坐北面南为尊，是餐桌的上首；坐东面西稍逊一筹；坐西面东再次之；坐南面北便是下首了。所以，在安排座位时，主宾和长辈在上首，以示尊重；而主人和晚辈则坐于下首，以体现谦逊之态。

将方形的八仙桌作为餐桌时，正对大门右侧或面朝东的左侧，是最重要的客人（即主宾）和最年长的长辈入座之位，其余宾客和长辈就按照"左一右一左一右"的顺序依次入座。

如果餐桌是圆桌，那正对着门或居中的位置为尊，左右两边依次排开，越靠近主宾越尊贵。离正中距离相同的位置，在左边的人比右边的更尊贵。

入座后，右手持筷，左手扶饭碗

坐在饭桌前，通常是用右手拿筷子，左手扶碗，细嚼慢咽。不能只用一只手夹菜吃饭，另一只手放在桌子底下。**一只手放在桌子下面不仅看着别扭，在有些场合还有搞小动作的嫌疑。**我们中国人讲究有事摆在台面上讲，因此尽量不要有这样惹人怀疑的动作。

吃饭时还要留神自己的吃相，不要一屁股坐下就不管不顾地吃，或是两手捧着饭碗狼吞虎咽，虽然吃得很爽，但吃相不雅，有失体面。

不能用筷子敲碗

在老一辈人的观念中，敲碗往往被视为一种不吉利的行为，**因为只有乞丐要饭才会敲碗，"穷得叮当响"这句话就是形容乞丐的，**而敲碗所发出的声音和"叮当响"相似。

所以，为了避免不必要的误会和尴尬，我们应当对传统习俗保持尊重。在餐桌上，我们应当尽量保持安静，不敲杯盘碗筷，做个懂规矩、讲礼貌的人。

筷子不要插在饭里

把筷子竖着插在饭碗里的行为，与给去世的人祭祀上香的行为差不多。**在古代，犯人临刑前吃的最后一顿饭叫"断头饭"，会把筷子竖着插在饭碗里。**古人认为，这是给死囚上一炷香，他死后就不会回来找给他送饭的人。

因此，这种"筷子竖着插进饭碗"的行为是对他人的不敬，是很不吉利的。

此外，在酒席上，不能手拿筷子竖着插在酒杯中，也不能将筷子横放在碗或碟上面，这些都被视为不吉利的行为。

夹了的菜别再往回放

吃饭的时候，最忌讳的就是夹起菜又放下，再夹另一种，这种行为叫**"半途筷"**，非常让人讨厌。

买菜可以挑来挑去，但是在餐桌上，不能当着别人的面，在菜盘里挑挑拣拣。餐桌上的菜，只要夹起来了，不管你爱不爱吃，都不能再放回原来的盘子里，只能放在自己的碗碟里。

总之，用自己的筷子夹起来的菜，千万别放回原来的盘子里。换位想一想，别人拿着沾了口水的筷子夹了菜，又把菜放回盘子里，你还愿意吃那道菜吗？

在有些场合要使用公筷

公筷一般是指分餐时专用来夹菜的筷子。**早在夏商时期，中国就已经出现"分餐"而食，南宋皇帝宋高宗赵构更是使用公筷的代表人物。**

在正式的宴席上，每人会配备一双公筷，只可在夹菜时使用。规模比较小的宴席，餐桌上会有一两双公筷供大家使用。如果不使用公筷，一盘菜被无数双筷子夹来夹去，很容易造成各种细菌的传播。因此，使用公筷既是保护他人，也是保护自己，防止细菌传播。比如幽门螺旋杆菌在家庭内的传播，多是因为不使用公筷而造成的。

不可用筷子剔牙

牙缝中容易残留食物的残渣，如果不及时清理会导致炎症。而且，食物残渣停留在牙缝里，也会一直感觉不舒服，所以，饭后剔牙是很正常的事。

但是，剔牙得用牙签或牙线，不能用筷子。

有些人把筷子当成牙签使用，用来剔牙，甚至还把筷子弄折了。**筷子是吃饭的工具，用来剔牙，很不礼貌**。如果知道自己牙口不好，或是有剔牙的习惯，而吃饭聚餐的地方可能没有剔牙工具，那建议还是随身携带牙签或牙线。

切忌"脏筷""粘筷""泪筷"
"叉筷""长短筷""舞筷"

从传统上讲，筷子的长度是七寸六分，代表的是人有七情六欲。使用筷子，就是提醒我们要控制好自己的七情六欲，保持住做人的基本修养。使用筷子时，自然就有很多忌讳。

脏筷：用筷子挑拣盘子里的食物。

粘筷：筷子上粘有饭粒等食物残渣就去夹菜。如果筷子上粘有饭粒，可以将筷子上的饭粒抹回碗里，然后再去夹菜。注意不要去舔，看着非常恶心。

泪筷：筷子夹的菜上连汤带水，滴滴答答地洒在桌盘上。如果夹的菜汤水比较多，可以用另一只手拿碗碟接着，避免菜汤滴到其他地方。

叉筷：将筷子十字交叉放在饭桌上。这种摆法有否定同一餐桌上其他人的嫌疑，就像老师在作业本上打的叉号，带有否定的意思，也不太吉利。

长短筷：筷子两端不齐地放在饭桌上，这叫"三长两短"，代表"死亡"，比较犯忌讳，因为棺材正好是由三长两短的五块木板组成的。

舞筷：在用餐过程中，不能拿着筷子挥舞或手舞足蹈地说话，更不能一边说话，一边拿着筷子点戳别人或用手指指别人。有些人用筷子时，习惯将闲着的食指或中指伸出来。这些举动都极其不礼貌，显得没有教养，不尊重别人。

除了以上禁忌，筷子的使用还大有学问。比如，用餐时要分清楚筷子的首尾，如果使用筷子的尾端吃饭，这叫"颠倒乾坤"。这名字虽然好听，但其实是嘲讽饥不择食。再比如，一双筷子忌讳不同色，因为颜色不同代表家庭不和，显得不吉利。和他人同一时间交叉夹菜也要尽量避免。

吃饭时不说不吉利的话

在中国传统文化中，吃饭时不说不吉利的话是一条非常重要的规矩。

想象一下，如果在吃饭的时候，你说了一些不吉利的话，这不仅让饭桌上的气氛变得尴尬，更会影响大家的食欲和心情，甚至可能会被认为"祸从口出"，会给自己和大家带来坏运气。

在吃饭时，尤其是在节庆等重要的日子里，最好避免谈论一些不吉利的话题，比如死亡、疾病、灾难等。最好也不要说屎、尿、屁之类不合时宜或不文雅的事情。

同时，一些听起来不太吉利的词语也要避免使用，如"破""翻"等。所以，人们在不小心打碎碗碟时，为图个吉利，通常不说"摔破了"或"打翻了"，而是选择说"岁（碎）岁（碎）平安"这样的吉祥话。

019

吃鱼时不能说"翻"

吃鱼时不能说"翻"或"翻鱼身",也尽量不要用筷子去翻鱼身。这是因为在古代,沿海地区的渔民出海捕鱼时,经常会遇到台风等恶劣天气,有时运气不好,船被风浪打翻而丧命,因此非常忌讳"翻"这个字。而鱼的形状又像一艘船,把鱼翻过来就像是把船弄翻了,寓意不太吉利。

因此,吃鱼的时候,大家都避免把鱼直接翻过来。而且为了图吉利,平时尽量不说"翻"这个字。在吃鱼时,吃完一面要吃另一面时,应该把鱼从头开始倒转一面,言语上可以说"掉头"或者"顺着吃",代替不吉利的"翻"。

在沿海地区,有种说法叫"客不翻鱼",意思是饭桌上有客人的时候,不能让客人去翻动鱼。

因"鱼"与"余"同音,如果客人翻鱼,会把主家的余福带走,是对主人的不尊重。一般来说,翻鱼要由主人来做,翻的时候要么不说话,要么说"正过来"。

夹 ✗　　　放 ✓

吃饭时不要吧唧嘴，喝汤尽量不要发出声音

所谓"吧唧嘴"，就是指吃饭的过程中不断发出"吧唧吧唧"的声音，特别像猪吃食发出的声音，令人不适。所以，人们较反感吃饭爱"吧唧嘴"的人。还有，喝汤时也不要发出"吸溜吸溜"的声音。

古代人讲究"食不言，寝不语"，人在吃饭的时候，尽量不要发出声音。吃饭时也不适合聊天，更不能说话大嗓门，嘴里咀嚼着东西，一说话，食物喷出来，就太失礼了。聊天适合在饭后喝茶时进行，"茶余饭后"一词就是这么来的。

吃东西要注意为别人留一些

吃饭是为了填饱肚子，同时还蕴含了文化和礼仪。在餐桌上，你的一举一动都代表着你的修养和家教。在宴席上，看到美味佳肴，尤其是对自己胃口的，会忍不住一吃再吃。

不过，即使自己再喜欢吃，也得克制一些，留一些食物给别人。不能不顾别人，就一股脑儿地往自己盘子里夹。

在餐桌上，我们要学会分享。尝到好吃的，可以推荐给别人，请别人也尝尝。这样不仅能增进大家的感情，还能显得你很有教养。

用餐过程中，随时保持餐具整洁

中餐的餐具无外乎六样: 杯、碗、盘、碟、勺、筷。

在正规宴席上，餐具的摆放都是固定的: 水杯放在菜盘的左上方，酒杯放在菜盘的右上方，筷子与汤勺搁放在专用的架子上。至于公用的筷子和汤勺，看别人怎么放，你就怎么放。

吃饭的过程中，不要随意摆放餐具，使用前放在哪儿，使用后还放在哪儿，这样既方便取用，又显得整洁有序。

尤其是在使用食碟的时候，别一次性夹太多菜，不仅不整洁、不好看，更显得吃相难看。

吃剩的食物残渣可不要直接吐桌子上，要用筷子夹放在食碟的前端。

如果食碟满了，告知服务员及时换新的。用餐过程中随时保持餐具整洁，不仅自己吃得开心，也是对他人和环境的尊重。

不能把喜欢的食物都摆到自己面前

在中国传统的摆桌礼仪上，有个不成文的规矩，那就是不能只根据自己的口味来决定菜的位置。

换句话说，就算你特别喜欢某道菜，也不能直接将它摆在自己的面前，完全不顾及其他人是否能方便吃到。

这个规矩其实是对他人的一种谦让和照顾。如果每个人都不考虑他人，只随着自己的喜好来摆桌，都把喜欢的食物放在自己面前，那岂不是要乱套了？不遵守这个规矩的人，不仅不懂得谦让，甚至可以说比较自私。

试想一下，大家一起吃饭时，要是有人把你喜欢的菜摆到他自己面前，你离得远，夹不到，一口都尝不到，你心里是不是极其不舒服？

在餐桌上，我们要学会分享，不要太过自私。

如果你喜欢某道菜，也不要夹太多，适量足矣。不妨先让别人品尝，或者把这道菜放在中间位置，让大家都能夹到。这样不仅能增进友谊，还能展现你的礼貌和修养。

给人盛饭时不能说"还要饭吗"

你给别人盛饭时，你可以说，"还要吃吗？"或"还添（加）饭吗？"，但是千万不要说"还要饭吗"，为什么呢？因为人们通常认为，大街上乞讨的叫花子才叫"要饭的"。

"要饭"一词是带有贬义的。如果你在餐桌上这么问别人，可能会让对方感到被冒犯，甚至会被对方误解为"难道你在施舍我？"或"我是在向你乞讨吗？"

同理，如果你还想添饭，也不能和盛饭的人说"我还要饭"或"再要一碗饭"。这样的说法同样容易让人联想到乞丐，不太合适。

这种情况下，你可以说"麻烦您，再帮我添点儿饭"或"请帮我加点儿饭"。这样的说法既尊重了别人，也表达了自己的需求，是一种更加得体的表达方式。

由此可见，在人际交往中，我们应该注意避免使用带有贬低或歧视意味的言语，以免给他人造成困扰或误解。

还要饭吗?

吃饭不能端着碗到处跑

古人言:"君赐食,必正席先尝之。" 这句话的意思是说,国君赐予食物时,臣子一定要先端正地坐好后再品尝。

可见,从孔孟时期开始,人们就非常重视吃饭时的礼节。大宴小酌,杯茶清谈,皆讲究让座之礼。"长幼有序,**上座一定要让给长辈坐。长辈坐定后,小辈再坐;等长辈动筷子了,小辈再动筷子。**

一旦入座,就不要再换位置,尤其是小辈,不能端着碗到处跑,因为只有乞丐才会端着碗到处走。这种行为不仅粗鲁无礼,也会显得家教不严。

如果餐桌不能旋转,想吃的菜又离你比较远,坐着伸手夹不到所有的菜,这时你可不能端着碗离开座位跑过去夹菜,更不能站起来去夹菜。

如果是在非常正式的聚餐场合,最好只吃自己附近的菜。如果是和家人或关系比较亲近的朋友一起吃饭,可以请他们帮你用公筷夹一些菜到碗里。

吃多少盛多少，不可浪费食物

吃饭的时候要记住，不能剩饭剩菜，应当吃多少盛多少。这个规矩是在提醒我们，"一饭一粥当思来之不易，半丝半缕恒念物力维艰"。

我们要爱惜每一粒米、每一口菜，珍惜每一口食物，这些都是农民辛辛苦苦劳动的成果。正如《悯农》一诗所写："锄禾日当午，汗滴禾下土。谁知盘中餐，粒粒皆辛苦。"

如今，浪费食物的现象越来越严重，想想几十年前，我们的先辈们还常常饿肚子。温饱的日子来之不易，我们要时刻提醒自己不要浪费。

吃不完……

不在饭桌上对着人剔牙

吃完饭用牙签剔牙是清洁牙齿、保护牙齿的行为。李时珍的《本草纲目》里写着："柳枝去风消肿止痛，其嫩枝削为牙杖，剔齿甚妙"。牙杖就是古代的牙签，还有多种称呼，如"嚼杨枝""剔齿签""柳杖"等。

从古至今，在与他人共餐时，是不能对着别人剔牙的。对着人剔牙不仅会影响他人的胃口，也是对他人的不恭敬。一般等大家都吃完了再剔牙。剔牙时，注意用另一手轻捂口，遮掩下剔牙的行为，以示对他人的尊重。

点菜要把握"三个规矩"

请客点菜是有规矩的。一般是主人请客，要由客人点菜。但出于礼貌，一般客人都会谦让，或只点一两道，就把菜单交给东道主了。点菜其实并不难，但要"知己知彼"，才能让大家吃得舒心，吃得开心。

一、点菜前先问有无忌口

老话说，"点菜要对客人的口"。点菜前，一定要询问大家的口味，是否有忌口。有的人吃不了海鲜，有的人不喜甜口、重口。如果客人说随便，则一般按照"东辣、西酸、南甜、北咸"地方性口味来点菜。另外，还要考虑到客人的身体情况、职业要求及民族宗教禁忌。比如，糖尿病患者得吃低糖、低盐、低脂肪的食物，开车的人不能饮酒，有些民族的朋友不吃猪肉，等等。

二、点菜讲究"四平八稳"

点菜时，菜的总数应是四的倍数，不能是单数或单数的倍数。通常按照四凉、八热（四荤四素或六荤二素）、一汤组成一桌比较稳妥，也就是所谓的"四平八稳"。中餐宴请，讲究"无鸡不成宴、无鱼不成席"。所以，宴席中的荤菜要包含鸡、鸭、鱼、肉或海鲜。另外，点菜时可以优先选择特色菜或本地菜。

上好酒好菜！

三、点菜要"看人下菜"

点菜还得考虑到客人的身份和地位，餐厅和菜品档次得配得上。不要为了省钱，找便宜馆子，点便宜的菜品，甚至专门点特价菜。客人虽然嘴上不说，但心里肯定不高兴。如果还是有求于人，那事情多半不会如你所愿。

另外，主人宴请客人，点菜时千万别在客人面前问菜品价格，尤其是价格较贵的菜，有"假客套"之嫌。而作为客人点菜时，懂规矩的人会选价格不超过主人点的硬菜的菜品，这叫作"点菜封顶"，北京话叫"不盖帽"，否则客人就有宰人之嫌。

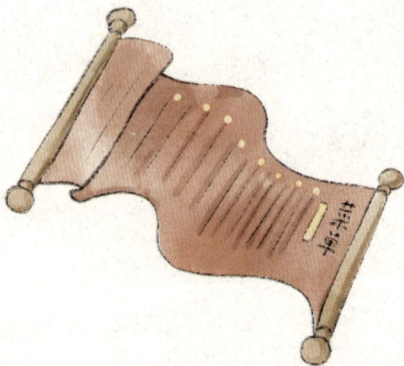

不要当众对饭菜指指点点

受邀到别人家里吃饭时，主人精心准备了一桌饭菜招待你，你不长眼地来一句，"这菜太咸了，我口味淡"，还指指点点说饭菜哪里咸了，这既让主人尴尬，又显得你特别没家教。即使饭菜真的不好吃，即使口味不符合你的喜好，你也要把抱怨憋在肚子里，不能直接说出来。

"心直口快"有时并不是好事，即使是在自己家的饭桌上，对待家人辛苦做的饭菜，你也不应"指点江山"，对饭菜口味进行点评。**记住，要称赞和感谢为你准备食物的人**，不要轻易抱怨饭菜不合胃口，要看到别人的用心和付出。

茶七饭八酒十分

"茶七饭八酒十分"这句话是指主人在给客人倒茶、盛饭、斟酒时，分量达到几分最合适，即茶水要到茶杯的七分，米饭要盛到饭碗的八分，酒水要斟满酒杯。

老人言，"酒满敬人，茶满送人"。
倒茶时不能满杯，满了就是在逐客。茶是趁热喝的，茶水到茶杯的七分，茶水面就和杯口有一定的距离，客人既能闻到茶香，又不会被烫到嘴。

而盛饭盛八分满就行了，超过了就叫"碰鼻梁"，是对客人的不尊重。 讲究的客人一般不会要求"回碗"，吃完一碗之后不再添饭。如果饭盛得太少，客人可能会吃不饱。如果饭盛得太满，你让客人把菜放在哪里呢？那二分的空间就是用来放菜的。

斟酒时要斟满。酒要满十分，是主人热情待客的表现。喝酒就要豪放，大碗喝酒才过瘾。"酒不满，心不实"，酒都舍不得倒满，只会让客人觉得主人家小气。

上茶不过三杯

上茶时，要遵循"长者优先、领导优先、宾客优先、女士优先"的顺序，最后再给自家人和自己倒茶。给客人倒茶的时候，要记得主随客便，不要一言不发地不停斟茶续水，客人会觉得主人是在搪塞。

中国人待客有"上茶不过三杯"一说。**第一杯叫敬客茶，第二杯叫续水茶，第三杯则是送客茶了**。除非客人自己要求续杯，如果主人一再劝人用茶，却没话聊，那可能是在暗示客人该走了。

另外，如果客人没喝茶，主人也不能问"你怎么不喝呀？"或者说"给您添点水"。如果主人这样问，跟"端茶送客"的意思差不多，是暗示客人尽快离开了。

观"茶色"，及时换茶叶

如果客人待的时间长，喝茶肯定不止三杯。喝了几轮后，茶色和味道都会由浓变淡，这时主人就要及时换茶叶，否则会被认为是"无茶色"。

所谓"无茶色"有两种意思：一是茶都没颜色了还继续泡，有对客人冷淡的意思；二是不懂茶色变化，有暗示客人不会察言观色的嘲讽之意。

中途若有新的客人加入，主人要立即换新茶叶、倒新茶表示欢迎，不然主人有"待之不恭"的嫌疑。换茶叶之后，要先给新客人倒茶。这个时候，如果你是新客，欣然接受即可，不用过度客气，不然就是"却之不恭"。

壶嘴不能对着人

如果用茶壶沏茶续水，必须侧一下身，再用一只手拿起茶壶，另一只手稳住壶盖，然后慢慢倒茶。

倒完水后，把茶壶放在桌子上时，切记壶嘴不要对着客人。**因为老话讲，壶嘴对着谁，就是在"妨"谁，意味着不吉祥、不礼貌、不尊重。**倒酒如果用酒壶，壶嘴同样也不能对着人。

另外，有的人有随手往地上倒茶水的习惯，当着客人的面，千万不能这么做，不然就等于轰客人走，这比直接骂人还令人尴尬。

食时不叹，不训斥子弟

这个规矩出自古代"三礼"（《周礼》《仪礼》《礼记》）摘录汇集的《常礼举要》一书，意思是**在吃饭的时候不要唉声叹气，也尽量不要训斥子弟。**

你一人心情不好，吃饭时当着其他人的面唉声叹气，不仅降低自己的食欲，还影响整桌人的心情，让大家都吃不好饭。

"不训斥子弟"，无论是吃着饭还是吃饭前，都不要批评指责孩子，即使他们有错，也要让孩子好好吃饭。

家长教育孩子要注意场合。吃饭本来是件开心的事，结果，孩子被你批评得情绪低落，甚至流着眼泪吃东西，长时间下来，不仅影响到他们的食欲，还会严重影响身体健康。

聚会迟到要"罚酒三杯"

中国饮酒文化源远流长，其中有个规矩叫"无三不成礼"，**比如古代祭祀喝酒，要向天、地、人各敬一杯**。随着历史演变，现在多指和同酒桌的人吃饭时，要喝三轮酒，象征着礼成。

迟到或酒桌上说错话，要罚酒三杯，则是出自中国人讲究的"事不过三"，"三"有最、极限的意思。聚会本来就不应该迟到，罚喝三杯酒的行为，就是迟到的人向聚会的人道歉认错的礼节。

主人示意结束，客人才能离席

有的时候，聚餐或宴席的时间比较长，难免令人厌倦。如果可以，还是尽量坚持到宴会结束。不能的话，在宴会开始前就安排好离席时间，向主人说明离席时间，解释提前离席的原因。这样，主人心中有数，便不会觉得你失礼。

如果你没提前告诉主人就想中途离席，这样会让主人非常难堪。事先已和主人说明提前离席的理由，那离席时可以不用再解释了。

饭前便后要洗手

"饭前便后要洗手",这是中国的一句俗话,顾名思义,就是说我们在吃饭前和上厕所后都要洗手。

其实,这并不是什么奇怪的规矩,而是有科学依据的,能够保护我们的身体。

病毒的主要传播途径之一就是手。有研究显示,一只手上可能就有4万至40万个细菌!不过,只要用流水冲一冲就能洗掉大部分细菌,如果再用上肥皂或洗手液,细菌就几乎全洗掉了。

第二章

走亲访友的规矩

西汉礼学家戴圣所编的《礼记》中就提到："礼尚往来。往而不来，非礼也；来而不往，亦非礼也。"虽然现代社交形式多样，但不变的是"礼尚往来"。祖辈留下许多人与人交往时应当遵守的老规矩，直到今天也依然非常实用，值得年轻一代继续传承。

提前预约，不做不速之客　拜访亲友选择合适的时间

做客不能空手上门　送礼牢记『三送三不送』

做客时，不要进无人房间

未经他人同意，不乱动他人物品

主人在忙，你要主动帮忙　饭点儿要及时『躲饭』

串门不能『屁股沉』　客在不扫地，扫地得罪人

晚辈见到长辈要主动问候　长辈面前不要乱开玩笑

长辈予物，须双手奉接　长者立，不可坐，长者来，必起立

对长辈不可直呼其名　客人到，要起身迎接

走亲访友『三不聊』　离开时，要向主人道别并表达感谢

让人头大的『份子钱』　参加婚丧嫁娶仪式，要穿对衣服

提前预约，不做不速之客

有句俗语叫 **"三天为请，两天为叫，一天为提"**，就是说，如果你想邀约别人，提前三天通知，这叫 "请"，诚意满满；提前两天，这只能说是 "叫"，也算是有诚意，但稍微差点儿；提前一天呢，只能算作 "提"，就是随便提一下，并没有重视，比较仓促这就显得不太尊重人。类似说法还有 "三日是请客，当日是抓客" 等。可见，以前的人看待走亲访友，特别重视诚意。

所以，不管你是邀请别人，还是去拜访别人，最好提前三天沟通预约， 别做 "突然袭击" 的不速之客。

欢迎!　打扰了!

拜访亲友选择合适的时间

无论关系远近，登门拜访都要选择好恰当的时间，考虑人家方不方便接待你，避开对方忙碌或不便的时候，也不要选择对方吃饭或休息的时间。

约好了时间，就按照约定的时间去拜访，不要提前太多到达，更不要迟到。如果是晚上拜访，那么，逗留时间就不宜过长，以免影响人家休息。

出去玩！

做客不能空手上门

不管是以前还是现在，去谁家做客都不能空手。带礼物登门拜访，既是礼节，也是心意。

礼物的价值不在于贵贱，而在于拉近距离，增进感情。礼物不用太贵重，在自己能承受的范围之内就好。

送礼要投其所好，不知道带什么礼物的话，可以带一些特产或美食，也可以买一些常见的节日礼品。总之，不管你有钱也好，没钱也罢，如果空手上门，会被笑话不懂礼数的。

送礼牢记"三送三不送"

一、送双不送单

送礼的数量也是有讲究的，最好送双数，暗含着"好事成双、双喜临门、成双成对"的寓意。

现在的年轻人之间送礼不讲究送单送双，但长辈可能会比较在意，还是要留心。

二、送红不送白

礼物的包装也很重要，毕竟人们第一眼看到的就是礼物的包装。

包装的颜色尤其要注意，最好选择红色、金黄等亮丽的颜色。红色自古以来也是喜庆的代表，有红红火火的美好寓意。千万不要选黑白色，因为这两种颜色在中国文化里会让人联想到死亡，感觉不吉利。

三、送寓意好的，不送寓意不好的

逢年过节送礼，送的更是一份祝福和心意。礼物最好选择寓意好的，比如可以给长辈送酒。酒和"久"谐音，寓意着长长久久。千万不要送以下寓意不好的礼物。

1.梨。梨谐音"离"，暗含着"分离"的意思。尤其在过年过节这种团聚的日子，送梨更容易让人产生误会。和人分梨也不好，分梨寓意分离。

2.钟表。送钟谐音"送终"，意味着送别和死亡。在给长辈送寿礼时，送钟表更是大忌。

3.伞。俗语说："喜不送伞，寿不送烟。"因为伞和"散"谐音，代表着分离。给别人送伞会让人误会你在"诅咒"别人分离。

4.烟。烟和"咽"谐音，代表着"咽气"的意思。"寿不送烟"就是说在长辈过寿时，不能送香烟当寿礼。

5.鞋。平时给长辈送一两双鞋子是可以的，但在过年过节时比较犯忌讳。因为"鞋"和"邪"是谐音字，送鞋寓意送出坏运。而且，鞋有越走越远的意思，送鞋也表示关系会越来越疏远。

6.钱包。钱包代表财运。如果把钱包送给别人，等于是把自己的财运也送给别人了。

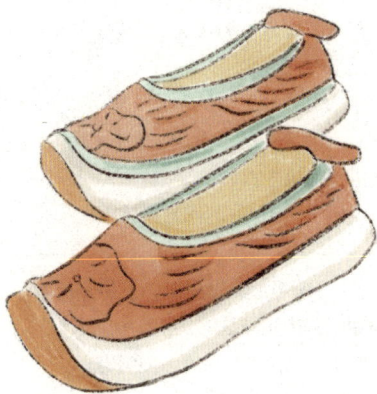

做客时，不要进无人房间

去别人家做客时，主人一般会提前安排好招待客人的区域，通常是客厅或餐厅。

作为客人，我们要"客随主便"，尽量遵守主人家的规矩，不要随便走动参观，更不要进没人的房间，除非主人发出参观的邀请，不然容易引起主人的不适或反感。

记住，别随意进入别人家的卧室、书房或储物间，因为里面可能有相对隐私的物品。如果主人领着进卧室，千万不要一屁股就坐到床上。

如果需要使用洗手间，也要先和主人打声招呼。使用过程中，尽量保持卫生，不乱用主人的卫生用品。这样做既是对主人隐私的尊重，也能避免出现尴尬的局面。

邮
电

未经他人同意，不乱动他人物品

到别人家做客时，未经主人允许，不能乱动或翻看人家的东西，即使是沙发上的小靠枕，最好也别直接上手乱动。

一般在别人家做客，作为客人，我们多少是有些拘束的。为了让客人放轻松，主人一般会客气地说："千万别客气，就当在自己家。"即使主人这么说，我们也不能真的像在自己家一样随意。

✗

主人在忙，你要主动帮忙

过年过节走亲访友时，常常会被主人留下来吃饭。饭前饭后，尤其是准备开饭时，主人就会比较忙。

这时，作为客人的我们不要只坐在一旁干看着，可以主动做一些力所能及的事，比如，帮忙端菜、倒水、清理餐桌。别人要不要你帮忙是一回事，你有没有主动分担是另一回事，这也是你对别人表达尊重的方式。

饭点儿要及时"躲饭"

前面说了，去别人家做客的时候，要选择合适的时间。如果聊天谈话，不小心快到饭点儿了，就要找个理由结束谈话，起身告辞，不给人家添麻烦，这就叫"躲饭"。

通常情况下，主人肯定会挽留你吃饭，但你可千万别当真，这可能是一句客套话。主人如果真的要留你吃饭，会提前告诉你。

同样，如果你事先没有与主人约好要留下吃饭，到了饭点儿就要主动尽早离开。

串门不能"屁股沉"

串门就是到别人家去坐坐，聊聊家常，而"屁股沉"是说坐的时间太长，让主人感到不耐烦。毕竟谁家都有自己的事情，没人有那么多时间陪客人没完没了地聊天。

如果你和主人聊得很投缘，那多待一会儿也无妨。

反之，如果主人已经有点心不在焉了，那你得识趣地起身告辞。要是非得等你尽兴了才离开，可能会给别人留下"屁股沉"的坏印象。

客在不扫地，
扫地得罪人

家里有客人时，就不能扫地。因为有个词叫"扫地出门"，当着客人的面扫地就好像暗示客人尽早离开，在客人眼里就是在轰人走了。

所以，我们常说"客在不扫地，扫地得罪人"，扫地比较犯忌讳，也是很不礼貌的行为。

如果留客人吃饭，饭后先简单收拾一下，等客人走了再打扫也不迟。

晚辈见到长辈要主动问候

《弟子规》里说："路遇长，疾趋揖，长无言，退恭立。"

无论是路上相遇还是上门拜访，在任何时候遇到长辈，晚辈都要第一时间主动而礼貌地问候长辈，表达我们对长辈的敬意。

长辈假如没有什么事，等他离去，我们就可以走了。即使你匆忙赶路或有事在身时，也不要忘了主动向长辈致意，表示晚辈的恭敬。

✓

长辈面前不要乱开玩笑

开玩笑是一种幽默形式，能让你在社交场合轻松应对尴尬，迅速拉近人与人之间的距离。但是，开玩笑得"适度"，要注意对象、场合和分寸。**尤其在长辈面前不要乱开玩笑，口无遮拦，这样会被认为"没大没小"，不尊敬长辈。**同样，我们与小辈交流时，开玩笑时也要把握好分寸，不要开轻佻放肆的玩笑。

还有，拿人的相貌、身高、年龄或私生活等话题当玩笑素材是非常不合适的，这不是幽默，会被认为没教养。

长辈予物，须双手奉接

民国国学大师李炳南编撰的《常礼举要》中提到，"长辈与物，须双手奉接"，也就是说，长辈拿东西给你的时候，不管他是两手还是单手拿，做晚辈的都要用两只手去接过来。

"双手奉接"是对长辈表示尊敬的一种方式。如果场合很正式时，还可以加上45度的鞠躬，并且说一些感谢的话语，表达真诚的谢意。

长者立，不可坐，长者来，必起立

尊老、敬老是中华民族的传统美德，这一观念在《弟子规》中得到了深刻体现，**其中说道："长者立，幼勿坐；长者坐，命乃坐。"**

在长辈站着的时候，自己不能先坐下，要等长辈坐下了，我们再坐。如果我们坐着时，有长辈到来，我们一定要主动站起来，不要不抬屁股，没礼貌地坐着。

对长辈不可直呼其名

直呼长辈的全名是不礼貌的行为。孔子曰:"为尊者讳,为亲者讳,为贤者讳",指的是古人取名或者说话时有三个避讳,即避开有身份地位的人、圣贤的人和自家亲人长辈的名字或名号。

我们的长辈可能并不是尊者或贤者,但我们也应当恪守个人的基本素养,不能直呼其名。如果长辈德行相当,无可挑剔,则更不应该直接称呼其全名。如果对方是同辈或者晚辈,则可视情况而定,通常可直呼其名。

另外,对于师长或领导,出于尊重与礼貌,最好也不要直呼其名。

客人到，要起身迎接

当有客人来家里拜访时，家中的每个人都应该起身热情迎接，亲切地问候他们，并将其迎进房间。如果客人拿着东西，应主动帮助提接。客人送上礼物，主人接受礼物时，要眼睛注视着对方，用双手接过礼物，以表示感谢。

主人要邀请客人坐在上座，自己则坐在客位。等客人道谢坐下后，主人才能坐下。对初次来访的客人，要主动向自己的家人介绍，并将家人介绍给客人。

走亲访友"三不聊"

1. 不聊收入

在成年人的社交场合中，避免询问他人收入是基本的修养。尤其在走亲访友时，如果提及此类比较敏感的话题，往往容易使原本愉快的交谈陷入尴尬的境地。我们深知，亲朋好友之间的情感，贵在真诚相待，而非取决于彼此的财富或地位。所以，关于收入的话题，宜避而不谈。

2. 不聊隐私

隐私一般指个人的过往经历、感情困扰、成败得失等，尤其是主人不想在社交场合公开的事情，即俗语所说的"家丑不可外扬"。人们都有好奇心，想了解别人的秘密。即使主人和我们再亲近，我们也要克制住好奇心，清楚人际交往的界限，尊重他人的隐私空间。谨言慎行，不该问的不问，不该说的不说，这样才能让他人觉得舒服，不会引起反感。

3. 不聊嫁娶

在串门探亲，亲友相聚闲聊时，自然会关心彼此子女的婚姻情况。稍微讨论一下这个话题在情理之中，但是，如果察觉到对方并不想深入谈论这个话题，作为客人，你还不断提及，那就是不懂事，变得讨人嫌了。

离开时，
要向主人道别并表达感谢

去友人家做客，到了要离开的时候，别显得太着急，不要一直看手表或做出抖腿之类不耐烦的动作。也不要突然来一句"我要走了"，这会显得非常唐突，让主人觉得你没礼貌。

离开时，要向主人道别并表达感谢，比如"谢谢你的款待""麻烦你了""今天受累了"，以表示对主人今天招待的感谢。如果在你离开前，还有其他客人在，也要依次打招呼，对要先行离开表示歉意。

走出门的时候，要主动和主人握手再次表示感谢。如果主人送你到了门口，你走出两步还没听到关门声，一定要回头看看，假如主人还目送你的话，你要再摆摆手说句"好了，我们走了""快回去吧""别送了"之类的道别话。如果头也不回地走了，那就有些失礼了。

让人头大的"份子钱"

"份子钱"就是礼金,就是大家共同出钱、每人摊一部分,向某人送的礼金。其中,结婚、生孩子、老人辞世等红白喜事,都离不开"份子钱"。

份子钱到底出不出、出多少,这主要根据人情关系的远近亲疏来决定。至于出多少,具体要看当地约定俗成的标准。

当然,份子钱的本质是一份心意和祝福,还是要根据自己的经济条件量力而行,切不可打肿脸充胖子,给自己带来很大的经济压力。

另外还要注意以下几点。
一是红事的份子钱,比如参加婚礼,金额一定要是双数。

二是白事的份子钱,金额一定要是单数。

最后,回份子钱时,一般要多回一点。一般情况下,同一年内回礼要加一二百元,相隔时间长的话,建议适当再多加一些。

参加婚丧嫁娶仪式，要穿对衣服

一、参加婚礼的着装礼仪

婚礼是人一生中的大事，作为受邀宾客，着装得体是对主人基本的尊重，切勿穿短裤或凉拖鞋等过于随意的装束，以免显得轻率失礼。此外，宾客穿着一身黑、一身白或一身红都不合适。因为黑色显得不太吉利，而白色和红色是新娘的着装颜色，宾客如果穿这两种颜色的服装，会抢新娘的风头，非常不礼貌。

通常情况下，符合婚礼氛围、简约大方、得体适宜的着装即为最佳选择。女士可以选择得体大方的套装、连衣裙或小礼服；男士的选择不多，一般是西装和衬衫搭配休闲裤。

二、参加葬礼的着装礼仪

在古代，当长辈离世，子孙们必须"披麻戴孝"，即身披麻布、头戴孝帽。依照中国传统，孝服以白色为主，这是晚辈对逝者表达敬意与缅怀的丧葬服饰。宾客在参加葬礼或追悼会时，要尽量穿黑色衣服，因为黑色表示哀悼。

而发亮的深色服装、晚礼服、运动服、休闲服等都属于不够严肃的服装，不能出现在葬礼场合。女士不要浓妆艳抹，佩戴首饰也要是素色的。此外，参加葬礼或追悼会时，应保持肃静，避免谈论轻松愉快的话题，更不应大声喧哗或发出笑声，这是对逝者及其家属最基本的尊重。

第三章

言行举止的规矩

人的言行举止可以透露出他的素质和修养。无关身份相貌，说话得体、举止优雅会给人留下非常好的印象，会对人生产生无形的助力。所以，我们要刻意规范自己的言行举止，养成良好的行为习惯。

坐有坐相　站有站相　走有走相，不做『低头族』

敲门时手不能太重　衣帽不要放在他人衣帽之上

不要对别人品头论足　别人交谈时不要打岔

不要用食指指人　递剪刀时，刀尖不对别人

进出门时不要踩门槛　不可倚门框站立

外出和回来时要和家人打招呼　别当着外人『咬耳朵』

坐着千万不要抖腿　说话不能『大嗓门』　丑话说到前头

话不说满，事不做绝　人在难处不加言

男人忌摸头，女人忌摸腰　人前背后不能说闲话

打人不打脸，揭人不揭短　不要斜眼看人　不占小便宜

见面作揖可别随便拱手　正月不剃头　本命年要穿红

坐有坐相

"相",指的是姿势。虽然我们不一定能达到古人说的"坐如钟"的标准,但至少要保持端正的坐姿。没有椅子背时,身体要挺直,稍微向前倾,手放在腿上,双脚距离跟肩膀宽度差不多,脚要自然着地。在正式场合,即使有椅子背,也不能随意向后靠,以免显得懒散。另外,端坐时还需要注意以下几点。

1. "勿箕踞",指的是落座后两脚不要分得太开,女性这样坐尤为不雅。
2. "勿摇髀",就是说不要抖腿。抖腿的人会被人认为性格不沉稳,给人做事不靠谱的感觉。
3. 在长辈面前要注意"长者立,幼勿坐。长者坐,命乃坐",要懂得长幼有序。
4. 落座后保持安静,身体不要摇来摇去,否则会让人觉得不安分。
5. 坐下后双手可以交叉放在大腿上,或者轻轻搭在沙发或椅子扶手上,手心要向下。
6. 不要把腿架在椅子上或踩在茶几上,这样非常失礼。
7. 坐久了可以变换腿部的姿势,但尽量不要跷二郎腿,尤其是在比较庄重的场合。而且,跷二郎腿还会影响身体健康。
8. 在比较正式的场合,入座要轻;不可猛起猛坐,尤其不要把椅子腿弄出响声,影响别人。

站有站相

"站有站相、坐有坐相"是对一个人行为举止最基本的要求。古人对站相的要求是"站如松",就是人站在那儿,像一棵松树一样,不但身子要挺直,还要显得有精气神。我们做不到"站如松",但也要尽量站得端正、稳重、自然。

我们在站立时要做到上身挺直,抬头挺胸,眼睛看向前方,身体放松,动作自然大方。如果站立太久,可将一只脚稍微往后撤半步,但上身仍保持挺直。如果站姿松松垮垮,比如歪着身子,或斜靠在墙上,不仅整个人显得懒散,久而久之,腰椎和颈椎也会出问题。

走有走相，不做"低头族"

民间有句俗话"走相不正心眼歪"，虽然这话听起来失之偏颇，但也提醒我们，走路姿态很重要。

简单来说，走路时应该从容、平稳、走直线。正确的走路姿势应该是眼睛平视前方，头稍微抬起来一点，脖子要挺直，胸自然上挺，收腹直腰；行走要"步从容"，步伐稳健，不急不慢，从容大方；两腿有节奏地向前跨步，尽量走在一条直线上。低着头、弯着腰、"外八字"等走路姿势，不仅走相难看，还可能会影响身体健康。

还有以下几种情况须注意。

1. 拜见长辈时，要快步走上前，表示尊重；从长辈身边离开时，要缓慢退出，表示对长辈的不舍和敬重。

2. 走路拐弯时，尤其是靠着建筑物走时，要注意"宽转弯，勿触棱"。就是说，走路拐弯的时候要往外走一点，别碰到建筑物的棱角，更不要撞到别人，以避免造成不必要的伤害。

3. "入虚室，如有人"，指的是去到无人的场所，也要时刻提醒自己注意行为姿态，践行"君子慎独"。

4. 走路不做"低头族"。边走路边看手机的人不在少数，"低头族"已成潜在的公害，更会危及自身安全。

敲门时手不能太重

敲门时手用力别太重也别太轻，力度大小要适中。用力太大会吓到对方，觉得你粗鲁，或让人觉得是不是发生了不好的事情；用力太小又显得你谨小慎微，不够大方。

除了力度适中，敲门要敲几下呢？**常见的是连续敲三下，节奏是一轻两重。**就是说，敲第一下要轻，敲第二、三下时要稍稍加重，就像在问"有人吗"。敲完三声后，稍微隔一会儿再敲，要给主人留出回应、开门的时间。

不过，现在大多数人家里几乎都安装了门铃，按门铃时也要讲礼貌。按门铃常见的做法是慢慢地按一下，然后等一会儿，如果主人还没有来开门，就再按一下。千万别太心急乱按一通，会显得非常没礼貌。

衣帽不要放在他人衣帽之上

去参加多人宴会，尤其是冬天，大家穿得比较多，进了房间就要把风衣、大衣、围巾、帽子等脱掉挂起来。

如果别人的衣服已经先挂好了，或者折叠好了放在椅子上，我们就不要再把自己的衣帽挂在或压在别人的衣帽上。

有的人特别讲究卫生，不喜欢自己的衣服和别人的放在一起。我们的衣帽直接放在人家的衣帽上，可能会让别人感到不适。所以谨记，**衣服不往人家的衣服上挂，帽子也不往人家的帽子上扣。**

借个地方放一下。

不要对别人品头论足

美和丑的标准，因人而异。每个人的审美标准都不一样，但有一点毋庸置疑——大家都喜欢心灵美的人。

随意对别人的容貌和体态指指点点，是非常没礼貌、没素质的行为。有些人可能觉得没什么恶意，只是随口说说而已。但是，被品头论足的人肯定会受到影响。

常言道："良言一句三冬暖，恶语伤人六月寒。"
不要随意评论和攻击一个人的外貌，请与人为善。

另外，更不要当面取笑别人。"口是福祸门，舌是斩身刀"，**取笑别人，既让别人尴尬，也可能给自己惹来麻烦**。

别人交谈时不要打岔

打岔就是插话，就是说，人家聊得好好的，旁边来个人突然张口说话，把人家的话给打断了。

插话在人际沟通中是大忌。别人正在交谈，我们即使也有话说，但也不能选择在中间插进去发言。人家的话还没谈完，你一说话就把人家的话打断了，人家的话题可能就接不下去了。

即使你有什么急事，说的话也短，也尽量不要打岔。小时候我们就被大人教育，大人说话小孩儿别插话。长大后，还是要注意这个道理，**就是在别人交谈时，不能插话、搭话和抢话。有话要说，也要等人家把话说完**。

不要用食指指人

大家都知道，对人竖中指是一种侮辱性的行为。其实，用食指指着别人也是一种不尊重人的行为，即使你的身份、地位或者辈分比对方高，也尽量不要用食指指别人。**因为，"指"这个动作隐含着高高在上、自以为是的傲慢态度。**

当然，人在生气吵架时，会不自觉地用手指指向对方来表达自己的不满，所以才有"指着鼻子骂"这样的说法。不过，当你用食指指向别人的时候，其实你还有三根手指是指向自己的。因此，用食指指人，不仅是对别人不尊重，其实也是对自己不够尊重。

如果你是在指认人或者给别人示意，那么，指示的正确做法是像新闻发言人示意记者提问那样，摊开整个手掌，掌心向上，稍微倾斜一定的角度，做出邀请的手势。

递剪刀时，刀尖不对别人

给别人递剪刀时，要记得不要把刀尖对着别人递过去，当然也不能对着自己。递送剪刀这类尖锐、危险的工具，恰当的方式是将刀尖或其他尖锐部位朝向自己一侧的斜角方向，这样就能避免不小心伤到他人或自己。

这样做也是为了让对方感到安全并方便接住物品。要注意的是，在对方稳稳接住后才能松手，这才是尊重他人的表现。

进出门时不要踩门槛

门槛是指门框中挨着地面的那块横木。古代的门都有门槛，因为古人对于宅院的内外之分特别讲究，门槛就像一道屏障，可以阻止屋内的地气跑出去。所以，古人特别忌讳踩到门槛。

不能踩踏门槛的风俗始于先秦时期，那时臣子们出入君主的门户时，不能踩着门槛，只能侧身而行。这是因为当时门槛往往能区分地位尊卑，是君臣礼仪。之后，演变为家族地位高低的象征。

古人的门槛通常比较高，因为古人认为门槛具有遮挡污物和避邪的作用，就好像在门口竖立一道墙，将一切不好的东西挡在门外，以保一家人的平安幸福。

门槛还代表了宾主之间的礼仪。宾客被主人允许登堂入室，说明主人非常尊重和重视客人。而客人在进门时要低头看脚，小心地跨过门槛，表示对主人的尊重和自己作为客人的谦逊。

如今到别人家里做客，肯定没有不能踩门槛的规矩，但是进门前尽量把鞋底擦干净再进去，尤其是在下雨下雪天，避免弄脏别人家的地面。

这些礼仪规则体现了中国古代文化中对家庭秩序和个人行为的严格要求，虽然在现代社会中可能不会像古代那么严格遵循这些规矩，但它们所蕴含的价值观仍然是很有价值的。

不可倚门框站立

有句话说"站不倚门"，意思是站着要有站相，不能歪着身子靠在门框上，也不能倚在门板上。古代风尘女子常常会倚门卖弄风骚、招揽生意，所以倚门站立会被人认为是一种既不雅观又显得懒惰的行为。

无论男性还是女性，不管走到哪里，都习惯性倚靠在门上，整个人看起来都没什么精气神，显得非常懒散，仿佛无所事事，容易给人留下不好的印象。

外出和回来时要和家人打招呼

《弟子规》有句话，叫"出必告，返必面"，意思是我们做子女的，出家门和进家门都要和父母打招呼。长辈疼爱儿孙，父母牵挂儿女。向家人打招呼是我们向长辈表达尊重和关心的方式。

所以，不管是出门上班，还是外出旅游，或是日常下班到家，都要和家人打个招呼。这样做不仅能让家人感觉到被重视，有助于增进家庭亲密关系，还能避免引起家人的担忧和猜测。另外，向家人报告自己的行踪和计划，一旦有什么异常，家人也能立刻发现，从而保护我们的安全。

别当着外人"咬耳朵"

咬耳朵就是耳语，通常是怕别人听见，才对着对方的耳朵小声说话，有时怕声儿传出去，还要用手遮挡着嘴。

在某些场合，为了不打扰他人或维护私密性，交谈的时候"咬耳朵"倒也没什么。

但在普通聊天的场合，如果有外人在场时，两个人还用耳语交流，就显得偷偷摸摸，很不尊重人。通常大家认为只有见不得人的事儿，才怕别人听。

所以，别在他人尤其是长辈面前"咬耳朵"，不然就是"目无尊长"了。

坐着千万不要抖腿

《论语》上孔子说他的弟子子路"行行如也""若有也，不得其死然"。意思就是说子路这个人坐哪里都不断在动，好像坐不住一样。这样下去对子路不好，会不得善终，结果被孔子说中了。

生活中，有些人就像子路一样静不下来，就算是坐着也在不停地抖腿。这是一种非常不好的习惯，会显得人紧张、不安或不耐烦，给他人留下不专业或不尊重人的印象。

因此，无论是为了个人的形象还是为了尊重他人，我们都要避免抖腿，要展现出稳重、专业的形象。

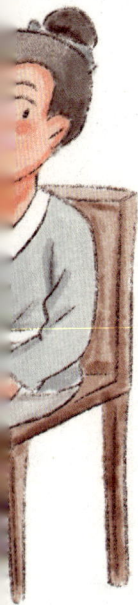

说话不能"大嗓门"

"大嗓门"是形容说话声音大、语速快、音调高。

说话"大嗓门"不是个好习惯,"大嗓门"的人一般性子比较直爽,但情绪容易激动,比较容易得罪人。如果在工作场合说话"大嗓门",不仅显得很粗鲁,可能还会吵到别人,甚至可能引发冲突。总之,说话不能"大嗓门"。俗话说"好话不在多说,有理不在高声",说话应该平心静气、不急不躁,清楚地表达自己的想法和观点,这样显得沉稳有涵养。

丑话说到前头

不顺耳、不中听但坦率的话叫丑话，**提前把事情的前提条件、办成或办不成的糟糕结果告诉对方**，这就是"丑话说到前头"，这是一种负责任的沟通方式。

有时，别人会求我们帮忙办事，他们肯定是期望能成。但我们在承诺帮忙的时候，需要考虑到困难和风险，要把不成的可能性——也就是"丑话"——如实告诉人家。

这样不仅展现了我们认真、严谨的态度，也有助于让对方调整期待值，避免因结果不如预期而让对方产生误解。如果因为好面子不提前说明白，结果事情没办成，可能还会影响到双方的关系，反而不好。

话不说满，事不做绝

"月满则亏，物盛则衰。"古人讲求中庸之道，十分讲究留有"余地"。说话也是一样。话别说过头，留有余地，其实就是防止出现意外。

生活中，总有人喜欢应承没有把握的事情，把话说得太满，随意夸下海口。结果出现意外时，尴尬的只是自己。言语得当，既尊重别人，也体现个人修养。

此外，做事情也要留一定的"余地"，不能做绝了。这样日后一旦事情出了问题，还能尽量减少损失。批评人时要留有余地，给人一个改过自新的机会，不能把人得罪透了。

生活充满未知和不确定性，未来会发生什么变化谁都不知道。话不说满，事不做绝，进退有度，给别人留颜面，给自己留后路。

恩断义绝

人在难处不加言

在他人遇到困境时，我们应避免议论，更不能火上浇油、落井下石，就如"马在难处不加鞭"。

作为旁观者，我们往往无法全面了解他人的处境和实际情况，因此应恪守**"未知全貌，不予置评"**的做人原则。

谁不会遇到困难和挫折呢？在他人陷入困境时，我们即使做不到雪中送炭，也要学会保持理智，尤其不应该说一些指责讥讽的言论。若条件允许，我们应尽量给予对方以鼓励和支持。

男人忌摸头，女人忌摸腰

在古代，男子到了二十岁，会举行"及冠"之礼，代表其正式步入成年。自此，男性的头就不容他人随意触碰。**因为古人深信"举头三尺有神明"，如果随便碰人的头，会给人招来霉运**，这也被视为对他人的一种轻视，是一种非常不合乎礼仪的做法。

现代社会虽然没有这种说法，但也不宜随便触碰男性的头，通常只有长辈们才会触摸，以示关爱与教诲。如果是平辈或小辈的话，必须恪守规矩，不能轻易摸男人的头。

无论是古代还是现在，异性之间随便进行肢体接触都是非常不礼貌的行为。对于女性而言，**腰部是非常敏感的部位**，如果陌生人触摸，即使是无意间的行为，也会引起女性的抵触和反感。

人前背后不能说闲话

闲话通常都是揭他人之短，传他人之私，更有些人从中添油加醋，夸张或扭曲事实，最终都是为了诋毁或伤害别人。

爱乱嚼舌根的人从古至今都令人厌恶。嚼舌者从心底里对任何人都不友好，所以很难交到朋友。听他们说闲话，当时我们可能觉得有趣，但时间长了，可能会受到不良的影响。而且，说不定哪天我们就会发现，这位"朋友"正在与别人咀嚼着我们的糗事。

"来说是非者，便是是非人"，如果身边有人喜欢嚼舌根，闲话我们听听就算了，但千万不能学他们到处传播。对待闲话，最好的态度就是不说、不听、不传。

假清高

打人不打脸，揭人不揭短

脸是身体最重要的部分，我们常说的"脸面""颜面"都是指一个人的尊严，所以在中国传统观念里，"脸面"占有不可撼动的重要地位。**打人脸属于对一个人的尊严的严重侵犯。**所以，即使再愤怒，也不要打对方的脸，这会伤害彼此之间的感情。

揭露别人做的坏事当然是好的，但如果拿对方的某些生理或心理上的缺陷，或者一些个人经历来嘲笑侮辱，这就太过分了。所谓**"人情留一线，日后好相见"**，人际交往中还是以和为贵，即使有矛盾产生，也尽量互相体谅。

抢我东西

不要斜眼看人

古人认为"眼斜心不正"，意思是爱斜着眼睛看人的人往往心术不正。斜眼看人更是一种不礼貌、不尊重别人的举动，因为这种行为会传达出"我对你不感兴趣"或"我看不起你"的信息。当然，有时候，斜眼看人可能与眼疾或用眼习惯有关，有些人或许天生就习惯用斜眼看人，这不一定意味着他们对别人有恶意或有挑衅的用意。

虽然传统观念可能对斜眼看人的行为有所夸大，但也有一定的道理。当人心中有想法时，眼神往往会发生一些变化。人们常说"眼睛是心灵的窗户"，一个人的眼神也能透出他的内心想法。比如，一个人是不是真心在笑，从他的眼睛中就能看出来，"不达眼底"的笑就不是发自内心的。所以，我们应该尽量避免斜着眼睛看人，以示对他人的尊重和谦逊。

不占小便宜

有些人就是喜欢占小便宜，认为不拿白不拿、不占便宜就等于吃亏。俗话说："贪小便宜吃大亏，不贪便宜不上当。"那些被传销组织忽悠上当受骗的人，有不少人最初都是因为贪图免费小礼物而去的。

从短期看，喜欢占人便宜的人确实得了好处，但从长期看，他失去的会比得到的更多。因为这种贪图小便宜的行为，暴露出一个人的眼界和格局狭窄，自己的形象也会受损。

所以，老是占小便宜反而会让自己的发展空间越来越小，正是"聪明反被聪明误"。

送你!

见面作揖可别随便拱手

作揖，又称拱手礼，是汉代人的相见礼。行礼时，两手互握合于胸前，抱掌前推，身子略弯，表示向人敬礼。哪只手在外可有讲究，在我国传统文化中，以左为尊、为阳。所以，过年过节见面作揖时，一般是左手在外，右手握拳在内，这叫"吉拜"。

反之就是"凶拜"，通常用于在丧事葬礼上行拱手礼，右手朝外，左手抱拳在内。左手在外拜年，右手在外是祭拜，您可千万别搞反了，否则就要闹笑话了。

正月不剃头

"正月不剃头"这个说法在民间流传已久，它背后的故事多种多样。有一种说法是明末清初，汉人被迫遵从满族习俗剃发易服。如果不剃头，就会被砍头。于是，汉人相约在正月里不剃头，以表"思旧"之情。"思旧"与"死舅"谐音，慢慢就讹传成了"正月不剃头，剃头死舅舅"。

当然，这只是一种迷信的说法，不必过分在意。毕竟一个人的生死，肯定不是由别人理不理发的行为所决定的。我们应该以开放的心态去理解和传承习俗，要对这样的民间规矩给予尊重。

本命年要穿红

有些老规矩和一些习俗直到今天依然影响着我们的生活,比如本命年要穿红色。

"本命年"之说,最早可以追溯到西汉。本命年就是当年的生肖和自己的生肖一样的年份。古人认为本命年容易"犯太岁"。太岁就是岁神,主管岁星的神。"犯太岁"就是会让我们遭遇不少的麻烦,甚至还可能会有凶灾。

古人还认为,"本命年"是"坎儿年",本命年的人这一年遇到的坎儿比其他年份都要多,运气会不太好。

怎么破呢? 古人认为红色能够驱灾辟邪,所以本命年要穿红。就是要穿红内衣、红内裤、红袜子,戴红腰带或红色的饰品。这都表达了人们驱灾辟邪、逢凶化吉的愿望。

第四章

公众
场合的
规矩

古话说"无规矩不成方圆"，不论在哪里，人们都重视规则，公共场合更是如此。而且随着时代发展，我们对周围环境的要求也越来越高，如果在公共场合不懂规矩，其实是对所有人的失礼和冒犯。在公共场所的行为不影响到别人，也是每个人的义务。

排队时不可插队

帮走在后面的人拉住门

说脏话不礼貌。不要大声喧哗

不随地吐痰，要吐在纸巾里

不要冲着别人打喷嚏

不要在公众场合挖鼻孔

两人站着谈话，不可从二人中间穿过

别随便拍人肩膀

别当着外人的面训斥孩子

别拿孩子年纪小、不懂事当借口

排队时不可插队

"排队"这事儿非常普遍，在生活中总能遇到，购物、看病、买票、上车等，都得排队。在人多的时候，有序排队已经成为很多人的自觉行为。

不过，总有一些人在排队时，无视秩序乱插队，或以有急事为由插队。但是你忙我忙大家都忙，这不是可以插队的理由。

秩序是规则，谦让是美德。我们要多一些秩序意识，少一些借口和理由。该排队时要自觉，按照先后顺序排队，不要乱插队。

帮走在后面的人拉住门

开门进门的礼仪很重要。遇到需要拉开的门，拉开之后请保持住，等同行的人都过去后，你再过去。

如果是需要推开的门，你要先过去推开，然后在一旁扶着门，等待和你一起的人通过了，你再放手。

就算你是一个人，但看到后面有人，尤其是对方手里拿着东西或者不太方便开门，也帮他们挡一下门（当然，如果你身后的人离得很远，那就没必要了）。有些场合会有门童帮你开门，这时候别忘了向他们表达谢意。

说脏话不礼貌

说脏话，也叫爆粗口。人们遇到不顺心的事时，会通过说脏话来发泄负面情绪，释放压力。

在极度愤怒与不满的情况下，谁都可能爆一句粗口，骂一句脏话。但是，有些人在公众场合、大庭广众之下出口成"脏"，脏话连篇。这种不礼貌的行为往往会引来在场人的侧目，不仅显得没素质，而且很不文明。如果因此让自己丢脸面、失尊严，那就太不值得了。

有些年轻人认为说脏话爆粗口是表达自我、耍酷的方式，但这种所谓的"酷"，其实反映了一个人修养上的缺陷。子曰："与善人居，如入芝兰之室。"人们喜欢和有修养、讲文明的人相处。所以，请说文明话、做文明人。

不要大声喧哗

公共场合就是大家公用的场地，如图书馆、医院、机场，等等。

在这些地方，我们应该遵守一些基本的礼仪和规则，不要影响到别人的正常生活和工作。

可是，有些人就是不会考虑到他人的感受，旁若无人地大声喧哗、放音乐，甚至打闹、吵架，不仅造成了噪声污染，还会引发公共秩序混乱。在公共场合我们要有不打扰他人的意识，更不要成为破坏和谐、引发众怒的"大嗓门"。

不随地吐痰，要吐在纸巾里

嗓子眼有了痰，憋着忍着都极其不舒服，不随地吐，最方便、卫生的办法是自备纸巾，如果有痰就吐在纸巾上，然后找个垃圾箱及时扔掉。

其实，老祖宗早就发现，纸巾是解决痰问题的最佳方式。据《明宫史》记载，皇帝为进宫的官员准备了特殊的"本色纸花"，以备"写字、唾痰、擦手之用"。"本色纸花"就是一种带印花的纸。

你看，早在明朝时期，人们就开始用纸巾吐痰了。我们现代人更不能落伍，吐痰一定要吐在纸巾里，不能丢老祖宗的脸。

不要冲着别人打喷嚏

尽管打喷嚏属于人体自然反应，但在公共场合打喷嚏时，一些人不捂嘴、不遮挡甚至还仰着头，这种行为不仅可能引发他人的反感，还增加了疾病传播的风险。

设身处地地想一想，别人打喷嚏时，飞沫溅到我们身上和脸上，若对方还有口臭，那即便我们修养再好，也难以忍受吧。

在打喷嚏或咳嗽时，正确的做法是避开他人，用纸巾捂住口鼻，或者用衣袖遮挡一下，都可以起到阻断病毒传播的目的。

不要在公众场合挖鼻孔

在公共场合挖鼻孔会给人一种粗俗、不卫生的感觉。不过，事实上，很多人都喜欢挖鼻孔。因为在鼻黏膜下有很多神经末梢，挖鼻孔时会产生多巴胺，给人带来愉悦感。

但我们必须认识到，从健康的角度，直接用手挖鼻孔的话，手上的细菌可能会从手指传播到鼻孔里，造成鼻腔内的细菌感染，甚至可能引发呼吸道疾病。

因此，不管是在公众场合，还是私下里，我们都应该改掉挖鼻孔的习惯。如果鼻腔感到不适，可以用湿润的棉签轻轻擦拭鼻腔。千万不要太过用力，避免鼻腔内部受伤。

两人站着谈话，不可从二人中间穿过

《礼记》中提到："离坐离立，毋往参焉，离立者不出中间。"这句话的意思是看到两个人并排坐着或站着，不要过去插到两人的中间，也不要从两个并排站立的人的中间穿过。

如果确实是无路可通过、必须从他们中间经过的话，可以说"劳驾，让一下"。等对方让开再走过去，不然这种强行通过的行为非常没礼貌。

别随便拍人肩膀

拍肩膀作为一种传统习俗，通常象征着长辈对晚辈的疼爱、赞赏与勉励，后来延伸到领导对下级的体恤、认可与鼓励。平辈或平级之间则不宜随便拍肩膀，以免逾越社交礼仪的界限。

当然，人在情绪化时也会拍同龄人的肩膀。比如遇到意外的惊喜时，人们可能会因激动而情不自禁地拍击朋友的肩膀，以表达内心的喜悦，就像兴奋时给对方一拳一样。

不过，有些地方的民俗认为人身上有三盏灯，其中肩膀上就有两盏。若是以惊吓的方式拍了对方肩膀，则有可能把这两盏灯给按灭了。

虽然这是一种迷信的观念，但有的人特别忌讳别人随便拍肩膀，特别是生意人。

我们在与他人交往时就要多加注意，尊重他人的个人空间和习俗，避免突然的、未经允许的身体接触。

别当着外人的面训斥孩子

在公共场合，带孩子的家长们往往会聊到自己的孩子。聪明的家长都知道，在这种场合应该适当夸夸自家的孩子。然而，有部分家长却总喜欢当着外人的面训斥甚至是打骂自己的孩子，并且不断唠叨孩子的缺点。

他们自认为这是一种谦虚和"自省"，会对孩子改掉坏毛病有帮助。但事实是这种"数落"孩子的行为无形之中给孩子带来了伤害，并产生适得其反的效果。

孩子和大人一样有尊严，也要脸面。在公共场合批评孩子，其实无法有效地帮助孩子认识错误，反而会给他带来失落和难堪，挫伤其自尊和自信，对孩子的成长造成负面影响。

所以，当着外人的面，一定要给孩子留面子。少指责，多夸奖，即使在自家亲戚面前也不要训斥孩子。

别拿孩子年纪小、不懂事当借口

在公共场合，我们时常会遇到一两个"熊孩子"，要么大吵大叫，要么乱跑乱跳，惹得大家都为之侧目。其实，很多"熊孩子"有这样的行为是因为家长并不制止他们，对他们娇惯放纵，所以他们的行为才会越来越放肆。

有人站出来指责管教他们，家长还拿"孩子年龄小不懂事""你和一个孩子计较什么"为借口，理直气壮地反驳别人。所以说，"熊孩子"的背后都是不负责任的"熊家长"。以"孩子年纪小、不懂事"为借口，不对孩子进行管教，只会害了孩子。

说句不好听的话，如果不趁着孩子小及时教育，早晚有一天会有人替你教育，到时候哭都来不及。而且，不趁孩子小建立良好的规矩，等他长大一些，再管教也晚了。

其实，孩子不懂事是正常的事情，经常犯些小错误也很正常，只要家长及时正确制止和引导，"勿以善小而不为，勿以恶小而为之"，孩子的错误行为都能得到及时改正。

而且，孩子远比家长想象的要懂事明礼，父母只要做到了严于律己、言传身教，孩子也会成为谦和有礼的人。

后记

笔者的家乡在山东。众所周知，山东是"孔孟之乡"，传统文化氛围浓厚，素有"礼仪之邦"之美称。笔者从有记忆开始，家里的长辈们总是耳提面命："坐有坐相，站有站相""吃饭不要吧唧嘴""壶嘴不能对着人"……

小时候不懂这些规矩，总觉得老一辈的人太守旧，但碍于长辈们的权威，笔者还是从小到大老老实实遵守了下来。而且，随着年岁的增长，这些规矩悄然融入了我的日常言行举止与社交活动里，让我受益颇多。

在撰写这本书的过程中，笔者也仿佛回到了被立规矩的童年，重温了一遍儿时的成长记忆，同时又深刻感受到了中国规矩的深远意义。

中国规矩不止是一种社会规范，更是一种文化传承，每个规矩的背后藏有很多历史渊源和传统学问。然而，在现代社会，随着科技的进步和全球化浪潮的冲击，很多人对于中国规矩的认识停留在表面，认为是传统文化的糟粕，不值得遵守，有的人甚至会刻意违背。

我们编写这本书的初衷，就是希望唤起更多的人关注和重视中国规矩，在日常生活中更好地遵守和运用。当然，中国规矩是一个庞大而复杂并与时俱进的文化体系，本书只能提纲挈领，无法涵盖全部。希望这本书能够成为一个引子，引导更多的人去关注、学习和传承中国规矩，以身作则，言传身教，让中国规矩得到更好的传承和发扬，成为中华民族永恒的文化瑰宝。

任娟娟